BEI GRIN MACHT SICH IHR WISSEN BEZAHLT

- Wir veröffentlichen Ihre Hausarbeit, Bachelor- und Masterarbeit

- Ihr eigenes eBook und Buch - weltweit in allen wichtigen Shops

- Verdienen Sie an jedem Verkauf

Jetzt bei www.GRIN.com hochladen und kostenlos publizieren

André Sperlich

Wassernutzung in Israel - Der Jordan

GRIN Verlag

Bibliografische Information der Deutschen Nationalbibliothek:

Die Deutsche Bibliothek verzeichnet diese Publikation in der Deutschen National-
bibliografie; detaillierte bibliografische Daten sind im Internet über http://dnb.d-
nb.de/ abrufbar.

Impressum:

Copyright © 2005 GRIN Verlag GmbH
Druck und Bindung: Books on Demand GmbH, Norderstedt Germany
ISBN: 978-3-640-35323-1

Dieses Buch bei GRIN:

http://www.grin.com/de/e-book/49702/wassernutzung-in-israel-der-jordan

GRIN - Your knowledge has value

Der GRIN Verlag publiziert seit 1998 wissenschaftliche Arbeiten von Studenten, Hochschullehrern und anderen Akademikern als eBook und gedrucktes Buch. Die Verlagswebsite www.grin.com ist die ideale Plattform zur Veröffentlichung von Hausarbeiten, Abschlussarbeiten, wissenschaftlichen Aufsätzen, Dissertationen und Fachbüchern.

Besuchen Sie uns im Internet:

http://www.grin.com/

http://www.facebook.com/grincom

http://www.twitter.com/grin_com

Geographisches Institut der Christian Albrechts Universität zu Kiel

Regionale Geographie

Hauptseminar: Wassernutzung an den großen Strömen Ostasiens und des Orients

WS 2004/2005

Wassernutzung in Israel – Der Jordan

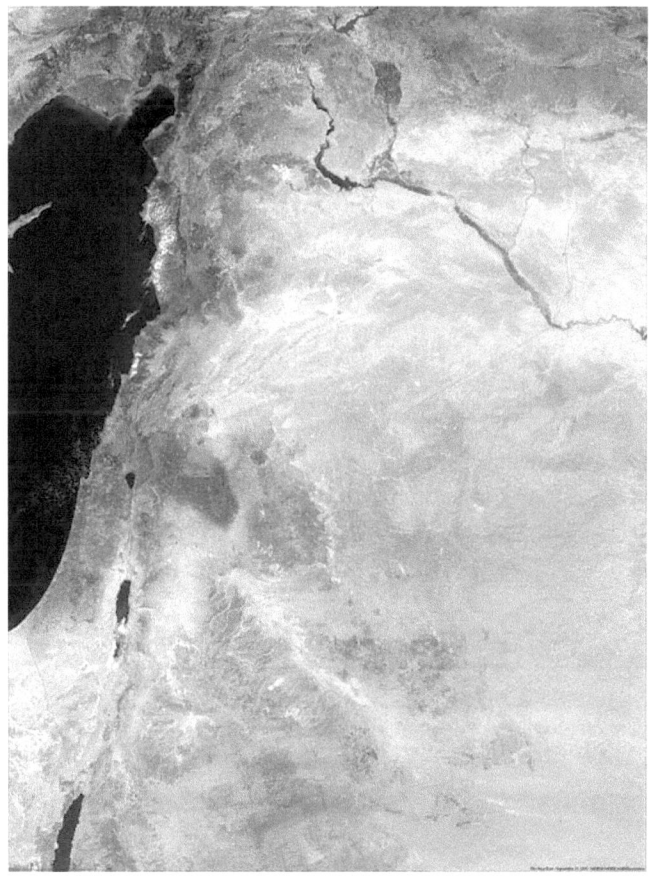

Vorgelegt von: André Sperlich

Abgabedatum: 11.01.2005

Inhalt

1. Einleitung

Die vorliegende Hausarbeit hat die Wassernutzung in Israel zum Thema. Hierbei wird der Fluss Jordan in das zentrale Blickfeld gerückt und seine Auswirkungen auf die Wasserwirtschaft Israels analysiert.

Die Betrachtungsweise des Jordans begrenzt sich auf jedoch auf dessen Oberlauf sowie den See Genezareth, da von hier aus der größte Einfluss auf die Bewässerungs- und Versorgungswirtschaft Israels ausgeht.

Nach der Klärung der grundlegendsten aller Fragen, nämlich warum Wasser überhaupt wichtig ist, folgt eine kurze Darstellung der klimatischen Gegebenheiten Israels. Anschließend wird kurz der Wasserverbrauch Israels und dessen Verteilung auf Sektoren und Haushalte beschrieben.

Im Folgenden beschäftige ich mich mit dem Jordan selbst, dessen Einzugsgebiet und Zuflüssen sowie seiner Wasserqualität. Zusätzlich beschreibe ich einige andere Wasserquellen Israels und deren Bezug zur israelischen Wasserversorgungswirtschaft.

Eine Auswahl an Möglichkeiten zur sinnvollen Nutzung der Ressource Wasser schließt sich an, besonders werden hier der National Water Carrier, das Regional Water Sharing sowie die Entsalzung als Möglichkeit zur Frischwassergewinnung behandelt.

Abschließend gebe ich einen kurzen Ausblick auf die Wasserproblematik, mit der Israel sich in der Zukunft wird auseinander setzen müssen.

2. Warum Wasser?

Wasser stellt für uns Menschen nicht nur ein unverzichtbares Nahrungsmittel dar, sondern es ist auch ein Faktor gesellschaftlicher Strukturen und Institutionen.

Die Unverzichtbarkeit des Wassers erschließt sich erst, wenn es nicht mehr im Überschuss vorhanden ist, sondern limitierend in Erscheinung tritt, sei es, das es quantitativ weniger wird oder auch die Qualität merklich abnimmt. Diese Erscheinung ist global nachweisbar, jedoch gilt der Nahe Osten als Kulminationspunkt der Problematik, da hier

- eine ausreichende Trinkwasserversorgung nicht überall gesichert ist,
- Wasser zum limitierenden Faktor für wirtschaftliche Aktivitäten wird,
- Grundwasserleiter irreversibel geschädigt werden,

- und Wasser eine zentrale Rolle in zwischenstaatlichen Konflikten spielt[1].

Die Ressource Wasser scheint auf der Erde im Überfluss vorhanden zu sein, ist doch unser Planet zu fast ¾ von Wasser bedeckt. Bei näherer Betrachtung zeigt sich jedoch, dass 97% des Wassers der Erde das Salzwasser der Ozeane ist, welches als Trinkwasser ohne vorherige Aufbereitung nicht geeignet ist. Von den restlichen drei Prozent sind etwa 77% in fester Form in den Polkappen gebunden, ungefähr 22% finden sich als Grundwasser oder Feuchtigkeit im Boden und nur 1% aller Wasserressourcen durchläuft als erneuerbarer, vom Menschen nutzbarer Anteil den Wasserkreislauf.

Somit ist die Ressource Wasser knapp und ein verantwortungsvolles Umgehen mit ihr zwingend erforderlich. Wenn dies nicht erfolgt oder die Verteilung des Wassers durch Konflikte untereinander Länder übergreifend nicht möglich ist, führt dies zu Engpässen, die durch die Wasserwirtschaft und deren Projekte abgebaut werden müssen. Einige solcher Projekte werden im Folgenden beschrieben.

3. Israel als Kulturraum

3.1 Klimatische Situation

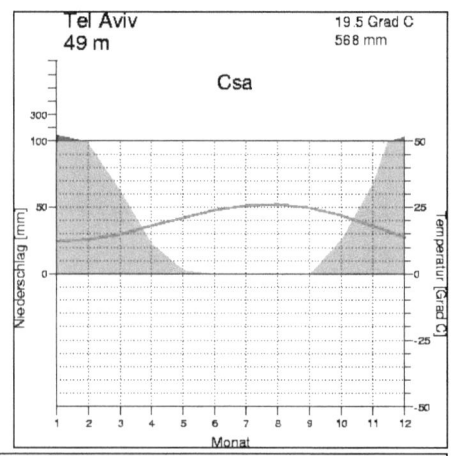

Abb. 1: Klimadiagramm der Stadt Tel Aviv

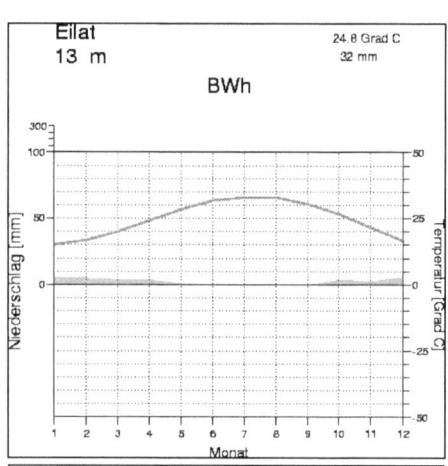

Abb. 2: Klimadiagramm der Stadt Eliat

---

[1] Dombrowsky, Ines: Wasserprobleme im Jordanbecken – Perspektiven einer gerechten und nachhaltigen Nutzung internationaler Ressourcen. Wirtschaftszentrum Berlin für Sozialforschung. Berlin 1995. S. 19

Israels Position zwischen dem Ostende des Mittelmeeres einerseits und dem Beginn des großen Wüstengürtels andererseits bestimmt stark die klimatischen Eigenschaften des Landes. Das Klima kann als Übergangsklima zwischen dem mediterranen und dem Wüstenklima beschrieben werden[2]. Im Wesentlichen gibt es zwei sehr ausgeprägte Jahreszeiten mit etwa viereinhalbmonatiger Dauer, nämlich den Sommer und den Winter. Die Übergangszeit zwischen diesen beiden Jahreszeiten beträgt jeweils etwa sechs Wochen.

Folgt man der Klimaklassifikation W. Köppens, so herrschen in Israel verschiedene Klimate. Während das eher zentral gelegene Tel Aviv ein Csa-Klima aufweist (Abb.1), wird Eilat im Süden der Wüste Negev als ein BWh-Klimat klassifiziert (Abb. 2).

Eine Csa-Klima meint die warmgemäßigte Klimazone mit einem warmen, sommertrockenen Klima und heißen Sommern (Monatsdurchschnitt über 22°C).

Das BWh-Klimat kennzeichnet die Klimazone des Trockenklimas, der Klimatyp ist das Wüstenklima, der Untertyp wird als „heiß" bestimmt (Jahresdurchschnittstemperatur über 18°C).

Der Sommer zeichnet demnach sich durch eine hohe Stabilität der Großwetterlage über Israel aus, im Allgemeinen strahlt die gesamte Jahreszeit über die Sonne aus einem wolkenlosen Himmel.

Auch die Tages- und Monatsdurchschnittstemperaturen unterliegen nur sehr geringen Schwankungen (siehe auch Abb. 1 und Abb. 2[3]). Allerdings kann es erhebliche regionale Unterschiede bedingt durch die unterschiedlichen Höhenlagen der Messorte geben. So kommt es zum Beispiel im Vergleich der Städte Jerusalem (785 über NN) und Deganya (200 unter NN) im Monat August im Mittel zu einem Temperaturunterschied von über 6°C (siehe Abb. 3[4]).

Niederschläge sind im Sommer nicht zu verzeichnen, was natürlich erhebliche Auswirkungen auf die israelische Wasserwirtschaft mit sich bringt.

---

[2] Karmon, Yehuda: Israel – Eine geographische Länderkunde von Yehuda Karmon. Wissenschaftliche Länderkunden Band 22. Wissenschaftliche Buchgesellschaft. Darmstadt 1994.
[3] www.klimadiagramme.de
[4] siehe [2] S. 26

Der Winter hingegen besitzt kein so einheitliches Erscheinungsbild. Hier entfaltet das Mittelmeer mit seinen selbst in großen Tiefen hohen Temperaturen von etwa 13°C seine Wirkung auf das israelische Klima. Kühlt die aufliegende Luft auf unter 13°C ab steigt warmes Wasser aus den Tiefen auf und sorgt für einen Temperaturausgleich. Somit herrschen an der Küste selbst im tiefsten Winter relativ hohe Temperaturen, in den Hochlagen kann es jedoch zeitgleich zu Frost und Schneefall kommen. Bedingt durch unregelmäßige Zyklonenbildungen über dem östlichen Mittelmeer kann es im Winter sowohl stürmische Regentage mit viel Niederschlag als auch sonnige Tage mit hohen Temperaturen geben.

Auch in Bezug auf die Temperatur zeigt sich der Winter als sehr uneinheitlich. Die Monatsdurchschnittstemperatur ist hier nur als eine rein mathematische Zahl anzusehen, die der Wirklichkeit nicht auch nur annähernd gerecht werden kann. Abweichungen von 10°C über oder unter dem Monatsmittel sind normal. Allerdings verhindern warme Winde von der Küste her die Frostbildung in den küstennahen Gebieten, was ein entscheidender Gunstfaktor für die Landwirtschaft ist.

Tabelle 1: Temperaturen (in °C)

a) Sommer (M = Mittel, Max. = Maximum)

Ort (Höhe in m über NN)	Mai M	Mai Max.	Juni M	Juni Max.	Juli M	Juli Max.	August M	August Max.	September M	September Max.	Oktober M	Oktober Max.
Tel Aviv (3)	20,0	24,8	22,4	27,2	24,7	29,0	25,4	29,7	24,0	28,8	21,6	27,1
Jerusalem (785)	20,8	26,4	22,4	28,1	23,6	29,2	23,8	29,6	22,2	27,8	20,2	25,3
Deganya (−200)	24,2	31,7	27,5	34,9	29,7	36,6	30,4	37,1	28,1	35,0	25,2	31,8

b) Winter (M = Mittel, Min. = Minimum)

Ort (Höhe in m über NN)	November M	November Min.	Dezember M	Dezember Min.	Januar M	Januar Min.	Februar M	Februar Min.	März M	März Min.	April M	April Min.
Tel Aviv (3)	18,7	13,2	14,7	9,8	13,2	8,5	13,2	8,6	14,6	9,9	16,5	11,6
Jerusalem (785)	16,4	12,0	11,0	7,3	8,8	5,2	9,5	5,5	11,1	6,5	15,5	10,3
Deganya (−200)	20,2	14,8	15,6	11,2	13,6	8,9	14,4	9,2	16,6	10,7	20,0	13,2

1. Konstante Elemente

Abb. 3: Temperaturen in Israel (ausgewählte Standorte)

Eine Besonderheit stellt die Situation im äußersten Süden, in der Wüste Negev, dar. Hier kann es selbst im Winter durch die äußerst südliche Exposition noch zu Temperaturen um die 40°C kommen[5].

---

[5] siehe [2] S. 27

Niederschläge fallen, wie oben erwähnt, nur in den Wintermonaten. Die Regenzeit erstreckt sich von Ende Oktober bis Anfang Mai. 70% der Regenfälle sind auf die Monate Dezember bis Februar konzentriert. Jedoch ist die Verteilung und Menge der Niederschläge oftmals so variabel, dass kaum eine Grenze für Landwirtschaft nach Süden gezogen werden kann. Kann es im äußersten Norden zu Jahresniederschlägen um die 635 mm kommen (Nahariyya), fallen am südlichen Ende des Jordangrabens nur noch 74 mm Niederschlag (Sedom/Totes Meer, vgl. Abb. 4[6])

Tabelle 2: Jahresniederschläge (Mittel)							
Region	Küste	mm	Bergland	mm	Jordangraben	mm
Norden	Nahariyya 5 m	625	Har Kena'an 935 m	728	Ayyelet HaShahar 175 m	482
Nördl. Zentrum	Hadera 20 m	580	Nablus 490 m	638	Tirat Zevi −220 m	288
Südl. Zentrum	Be'er Toviyya 55 m	467	Jerusalem 785 m	509	Totes Meer, Norden −385 m	87
Süden	Gaza 45 m	376	Hebron 930 m	468	Totes Meer, Sedom −380 m	74

Abb. 4 Niederschläge in Israel (Jahresmittel)

So kann selbst bei ausreichendem Niederschlag eine schlechte Verteilung dessen zu Dürren und schlechten Ernteerträgen führen.

Die beiden Übergangsperioden zwischen den beiden Hauptjahreszeiten liegen in den Monaten April/Mai und Oktober. Im April/Mai erfolgt eine rasche Erwärmung durch kontinentale Warmluft aus Ostafrika, die dann zu dem Sommerklima hinführt. Im Oktober dreht sich dieser Vorgang wieder um, die Temperatur fällt und Niederschläge häufen sich und die Temperaturen fallen wieder.

---

[6] siehe [2] S. 29

3.2 Der Wasserverbrauch in Israel

„Israels Wasserressourcen sind durch relative Knappheit, starke regionale, saisonale und jährliche Schwankungen in ihrem Auftreten, durch geringes Oberflächenwasseraufkommen und zum Teil durch erschwerte Zugänglichkeit gekennzeichnet[7]."

Da der Großteil der Niederschläge im Winter fällt wird die Wasserversorgung im Sommer regelmäßig knapp. Diese Problemlage hat unter anderem zur Errichtung des National Water Carrier (NWC) geführt, die den relativ regenreichen Norden mit dem relativ trockenen Süden verbindet.

Berücksichtigt man mehrere Quellen, so ist von einer jährlichen Gesamtfördermenge von 1950[8] Mio. m³ bis 2200[9] Mio. m³ auszugehen. In Dürrezeiten wie z. B. Anfang der 90er Jahre kann diese Fördermenge durchaus auf 1600 Mio. m³/a fallen. Man geht davon aus, dass bei einer Förderung von 1950 Mio. m³/a etwa 1600 Mio. m³/a aus erneuerbaren Quellen stammt und die übrigen 350 Mio. m³/a irreparabel verloren sind.

Insgesamt teilt sich der israelische Wasserverbrauch folgendermaßen auf:

	1990[10]	
	Mio. m³/a	%
Haushalte	482	27
Industrie	106	6
Landwirtschaft	1162	66
Gesamt	1750	100

Es ist unschwer zu erkennen, dass der hohe Wasserbedarf der Landwirtschaft den Wasserbedarf so in die Höhe treibt, wohingegen die Industrie einen relativ niedrigen Wasserverbrauch hat.

Dabei ist hier durch die Einführung der Tröpfchenbewässerung der Verbrauch in der Landwirtschaft noch deutlich gesenkt worden, in den 70er Jahren hatte der Anteil der Landwirtschaft am Gesamtwasserverbrauch noch 80% betragen.

---

[7] siehe [1] S. 70
[8] siehe [1] S. 71
[9] http://www.wasserstadt.ch/pdf/themen/artikel_schertenleib.pdf
[10] Schwarz, J.: Management of the Water Ressources of Israel. In: Israel Journal of Earth Science.

Die Wasserpreise sind für die Landwirtschaft stark subventioniert, die Wirtschaftlichkeit der Betriebe dementsprechend fraglich. Die Wasserverteilung erfolgt über ein strenges Quotensystem, die Quoten sind nicht handelbar oder übertragbar, was dazu führt, das die einen weniger Wasser haben als sie bräuchten, und die anderen mehr verbrauchen, als sie eigentlich benötigen würden.

Die Industrie deckt schon seit längerer Zeit über ein Viertel ihres Bedarfs aus der Abwasseraufbereitung, auch die Kreislaufführung des Wassers ist weit verbreitet. Auch hier ist ein Quotensystem vorhanden, das die Wasserverteilung regelt.

Der private Wasserverbrauch unterliegt einer progressiven Einteilung. Der Verbrauch liegt, bedingt durch die klimatischen Gegebenheiten, deutlich höher als z. B. in Deutschland. Verbraucht man hier ca. 144 l/d sind es in bei israelischen Siedlern bis zu 350 l/d[11].

Man kann sagen, dass die die israelische Landwirtschaft den Großteil des Wassers verbraucht, die Industrie verhältnismäßig geringe Verbrauchsmengen haben und die privaten Haushalte sicher noch ein erhöhtes Sparpotential aufweisen.

4. Hydrologie des Jordan
4.1 Ursprung und Einzugsgebiet

Der Oberlauf des Jordan speist sich aus den drei Quellflüssen Hasbani, Dan und Banias. Insgesamt beträgt das Einzugsgebiet des Jordan etwa 1469km²[12].

Der Hasbani entspringt im Libanon und hat einen durchschnittlichen Abfluss von 125 Mio. m³/a. Der Dan entspringt in Israel und besitzt mit einem Abfluss von 250 Mio. m³/a den größten der drei Quellflüsse. Der Banias entspringt in Syrien und besitzt wie der Hasbani einen Abfluss von 125 Mio. m³/a.

Die Flüsse fließen ca. 6 km. hinter der der israelischen Staatsgrenze zusammen und bilden von hier an den Jordan. Dieser durchfließt im Norden Israels die Sümpfe des Huleh-Beckens und mündet, Zuflüsse und israelische Entnahmen von ca. 110 Mio. m³/a eingeschlossen, mit ca. 510 Mio. m³/a und etwa 210 m unter NN in den See Genezareth. Der See wird als Wasserspeicher für nahezu ganz Israel genutzt.

---

[11] http://www.fest-heidelberg.de/jahresbericht/EssayFE.pdf S. 5

[12] siehe [2] S. 140

Die folgende Abbildung stellt das Oberflächenwasser des Jordans bis zum See Genezareth zusammen[13].

Hasbani +125   Dan +250   Banias +125

I

Jordan Oberlauf (inkl. Zuflüsse: 620 – 110 Wasserbedarf Israel)

I

See Genezareth 510 + 70/100 Yarmuk – 460 Israel NWC

I

See Abfluss (40 + Salzquellen)

Abb. 5: Schematische Darstellung des Jordans mit wichtigen Zuflüssen und Entnahmen (in Mio. m³/a).

Seit Mitte der 50er Jahre werde ca. 100 Mio. m³/a zusätzlich aus dem Yarmuk in den See Genezareth gepumpt, um den Wasserbedarf Israels zu decken und gleichzeitig die Existenz des Sees nicht zu gefährden.

Seit Mitte der 60er Jahre pumpt Israel ca. 460 Mio. m³/a aus dem See ab und pumpt das Wasser über eine Wasserleitung, den so genannten National Water Carrier (NWC) durch ganz Israel bis in die Wüste Negev im äußersten Süden.

In der neuesten Diskussion wird zudem der im Libanon entspringende und auch hier ins Mittelmeer mündende Litani als weiterer Einflussfaktor auf die Wasserbilanz des Jordan gesehen, da davon ausgegangen wird, dass zwischen den beiden Flüssen eine unterirdische Verbindung besteht. Ca. 100 Mio. m³/a sollen etwa vom Litani aus in den Jordan fließen.

Er sorgt außerdem zwischen dem Libanon und den umliegenden Ländern immer wieder für Konfliktstoff, da sein Wasser nicht vollständig genutzt wird, weswegen Israel schon versuchte, Gebiete um den Litani zu okkupieren. Vom Gesamtabfluss des Flusses, der bei ungefähr 455 Mio. m³/a werden nur 60% genutzt.

Demzufolge ist hier noch Potential vorhanden.

---

[13] siehe [1] S. 32

4.2 Die Wasserqualität des Jordans im Oberlauf

Da der Verlauf des Jordan überwiegend unter dem Meerespiegelniveau verläuft und die Verdunstungsraten sehr hoch sind kommt es zu einer natürlichen Aufsalzung des Wassers. Dieser Prozess wird dadurch noch verstärkt, dass zufließendes, salzarmes Wasser überwiegend sofort entnommen wird. Außerdem sind viele der kleineren Quellen und Zuflüsse aufgrund der Salzablagerungen prähistorischer Meere sehr salzhaltig.

Die Quellflüsse selbst weisen jedoch einen sehr geringen Salzgehalt von nur 15-20 ppm auf; somit gilt der Oberlauf des Jordan als einziger sauberer Fluss Israels. Allerdings wird der Jordan-Oberlauf seit den 60er Jahren durch die starke Drainage im Huleh-Becken, intensive landwirtschaftliche Nutzung, Dünger, kommunale Abwässer und Fischzucht erheblich geschädigt. Jedoch sind an dieser Stelle momentan Renaturierungsmaßnahmen mit Investitionen in Millionenhöhe im Gange, die diese Belastungen reduzieren sollen.

Auch der See Genezareth zeichnet sich durch einen gegenüber dem Jordan Oberlauf erhöhten Salzgehalt aus, der durch die hier vermehrt auftretenden salzhaltigen Zuflüsse aus kleineren prähistorischen Quellen verursacht wird. Am Abfluss des Sees beträgt der Salzgehalt des Jordanwassers bereits 340 ppm und ist somit für den Menschen unbehandelt nicht nutzbar. Nur durch die Zuleitung des Yarmuk-Wassers und Entsalzungsprozesse kann das Wasser wieder auf einen Salzgehalt von 100 ppm verdünnt werden. Im

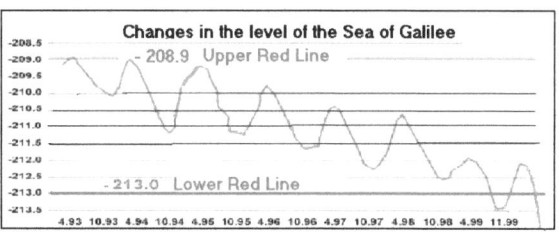

Abb. 6: Niveauänderungen des See Genezareth

weiteren Verlauf bis zum Toten Meer steigt der Salzgehalt sukzessive auf mehrere tausend ppm an. Außerdem wurde auch der See Genezareth besonders in Zeiten von Dürren in den neunziger Jahren stark überfördert, so das in den letzten Jahren auch hier eine permanentes Absinken des Seeniveaus zu beobachten war und ist (siehe Abb. 6).

Trotz dieser Belastungen bleibt festzuhalten, dass die Wasserqualität des Jordan-Oberlaufs im Vergleich zu dessen hoch belasteten Unterlauf eine sehr gute Grundlage für Wasser- und Versorgungswirtschaft bietet.

4.3 Andere Wasserreservoirs in Israel

Neben dem Jordan gibt es noch drei Süßwasserreservoirs (Aquifere) in Israel, die als größere Süßwasserquellen den Bedarf des Landes mit decken und zusammen als die „Bergaquifere[14]" bezeichnet werden.

Dies ist zum einen der Western Aquifer mit einer jährlichen Erneuerungsrate von 335 Mio. m³/a, welcher in westlicher Richtung in die Hauptsiedlungsgebiete Israels fließt (Tel-Aviv, Netanya). Heute werden insgesamt ca. 94% der jährlichen Erneuerungsmenge des Aquifers genutzt. Dies hat jedoch einen mittlerweile erheblich gestiegenen Salzgehalt zur Folge, welches einen deutlichen Qualitätsverlust des Wassers mit sich bringt.

Zum anderen steht der North-East Aquifer mit einer jährlichen Erneuerungsrate von 140 Mio. m³/a als Wasserspeicher zur Verfügung. Er fließt in nördlicher Richtung in die Täler Bet Shean und Jezre'el und wird zu ca. 85% genutzt.

Aufgefüllt werden die Aquifere durch Steigungsregen in den Bergregionen des Westjordanlandes. Genutzt werden die Aquifere jedoch nur durch Israel, da die Speicher im israelischen Kerngebiet liegen.

Dies führt immer wieder zu Streitigkeiten mit den in dem besetzen Westjordanland lebenden Siedlern, die den in ihren Gebieten fallenden Regen somit kaum nutzen können, da sie durch die Restriktionen der israelische Regierung von den großen Wasserspeichern abgeschnitten sind.

Der dritte große Aquifer ist Eastern Aquifer. Er fließt Richtung Osten ab und ist somit der einzige Aquifer, der zum Einzugsgebiet des Jordan gehört. Seine jährliche Erneuerungsrate beträgt 125 Mio. m³/a. Er wird von israelischen Siedlern und Palästinensern zu 75% genutzt.

Außerdem existiert an der Mittelmeerküste auf israelischem Gebiet der Küsten-Aquifer (Costal Aquifer[15]).

Aus dessen Wasservorkommen wurde jahrelang mehr abgepumpt als die Niederschläge wieder auffüllten (siehe Abb. 6[16]).

---

[14] http://www.anti-defamation.ch/main.php?page=2&id_art=16
[15] http://www.gfbv.it/3dossier/isr-pal/frauer.html
[16] http://www.anti-defamation.ch/main.php?page=2&id_art=16

Deshalb konnte Meerwasser
eindringen, wodurch der
Salzgehalt sich enorm erhöht
hat. Für den dicht besiedelten
palästinensischen
Gazastreifen ist dieser Aquifer
jedoch die einzige
Wasserquelle, weshalb die

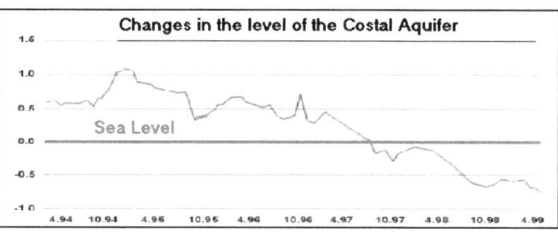

Abb. 6: Niveauänderungen des Costal Aquifer

Abpumprate aufgrund des starken Bevölkerungswachstums sogar noch erhöht
werden muss - ungeachtet des Salzes und der hohen Chlorid- und
Nitratkonzentration. Während der europäische Grenzwert für Nitrat im Trinkwasser
bei 45mg/l liegt, ist er in Israel schon auf 90mg/l erhöht worden, und selbst dieser
Grenzwert wird bereits stellenweise überschritten. Dennoch pumpt Israel zur
Wahrung der Grundversorgung jährlich etwa 280 Mio. m³ aus dem Aquifer heraus.
Die gesundheitlichen Folgen für die Bevölkerung sind auf lange Sicht unabsehbar.

5. Projekte zur Wassernutzung in Israel
5.1 NWC

Nachdem Anfang der 50er Jahre Versuche der USA zur Etablierung eines
unilateralen Wassermanagements gescheitert waren, begann Israel sich fortan auf
seine nationalen Projekte zu konzentrieren.

1956 beschloss Israels „National Planning Board" einen Zehnjahresplan zur
Wasserentwicklung, dessen Kern der „National Water Carrier (NWC)" ist. Dieser wird
1964 fertig gestellt. Der NWC ist eine Wasserpipeline, die die drei Reservoirs im
Norden mit den Bevölkerungszentren an der Küste (Tel-Aviv, Bat Yam) sowie den
trockenen Regionen im Süden verbindet und somit eine überall gleichmäßige
Versorgung mit Wasser garantiert (siehe Abb. 7[17]). Insbesondere den Extremraum
der Wüste Negev galt es mit Wasser zu versorgen, hier fallen über das Jahr gesehen
gerade einmal 32mm Niederschlag.

Verzögert wurde das Projekt durch Streitigkeiten über den Ort der Wasserentnahme
aus dem See Genezareth, einerseits sollten Subventionen aus den USA fließen,
andererseits durfte Syrien durch den Bau nicht provoziert werden, was eine
Involvierung der UNO Mit sich gebracht hätte.

Letztlich entschied man sich für Eshek Kinrot am Nordufer des Sees. Dort wird das Wasser von - 212m auf +44m angehoben und über 65km in offenen Kanälen zur Pumpstation Tsalmon gebracht. Hier wird es dann nochmals um 115m angehoben, um dann in Druckleitungen eingespeist und in das Land gepumpt zu werden[18][19].

Von der Gesamtmenge des durch den NWC verteilten Wassers werden etwa 80% für landwirtschaftliche Bewässerungsmaßnahmen und etwa 20% zur Versorgung der Bevölkerung mit Trinkwasser genutzt[20].

Als Königsweg zur Versorgung der israelischen Bevölkerung mit Wasser kann der NWC jedoch nicht gesehen werden. Dem Abpumpen des Wassers aus dem See Genezareth sind strikte Grenzen gesetzt. Der NWC hat seine Förderungsgrenze bereits erreicht und auch schon des Öfteren überschnitten, eine weitere Optimierung ist nicht mehr möglich. Eine Überschreitung der Maximalförderung über einen längeren Zeitraum kann irreparable ökologische Schäden wie z. B. ein starkes Absinken des Wasserspiegels des Sees nach sich ziehen.

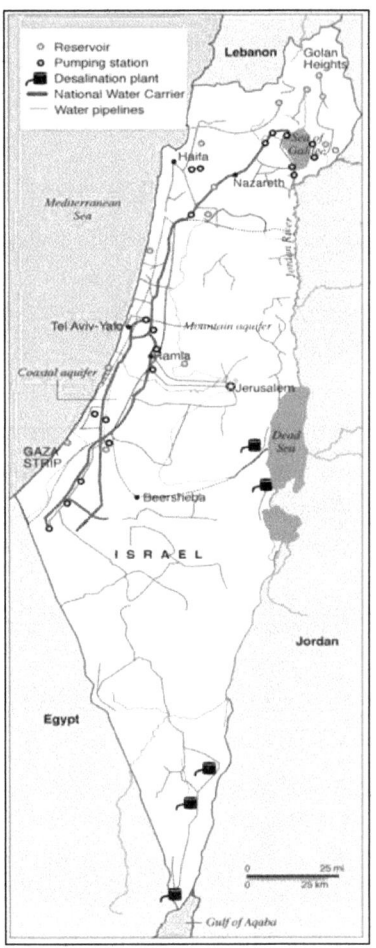

Abb. 7: Verlauf des NWC

Dies wiederum kann in der Folgezeit die Existenz des Sees gefährden. Eine der größten Wasserquellen Israels würde weg brechen und die nationale Wasservorsorgung vor einem immensen Problem stehen.

---

[17] http://www.anti-defamation.ch/main.php?page=2&id_art=16
[18] siehe [1] S. 51
[19] http://research.haifa.ac.il/~eshkol/kantorb.html
[20] http://research.haifa.ac.il/~eshkol/kantorb.html

5.2 Regional Water Sharing

Eine Möglichkeit, die zurzeit immer aktiver diskutiert wird, ist, die vorhandenen Wasservorkommen nicht, wie bisher, für sich selbst zu beanspruchen, hierbei immer auf die nationalen Grenzen pochend, sondern sie zu teilen, die Wassersysteme grenzüberschreitend zu vernetzen.

Diese Methode wird als „Regional Water Sharing" bezeichnet. Die Vorteile eines solchen Systems liegen auf der Hand:

- Bilaterale Konflikte, speziell Wasserversorgungskonflikte, würden reduziert werden
- Die Kosten pro m³ gefördertem Wasser würden sinken
- Alle Verbraucher hätten in gleichem Maße Zugriff auf das geförderte Wasser
- Es wäre immer Wasser vorhanden, Dürren in einem Land könnten durch Ressourcen aus einem anderen Land ausgeglichen werden[21]

Doch kann das „Regional Water Sharing" eine Lösung für die Wasserknappheit in Israel und den angrenzenden Nationen sein?

Der schwelende Konflikt zwischen Israelis und Palästinensern spricht dagegen, selbst grundlegendste Übereinkünfte über den Status Jerusalems oder die Bewegungsfreiheit der Siedler wurden bisher nicht getroffen. Genauso ist die Kooperation zwischen Israel und Jordanien zu nicht viel mehr als nur einem Friedensvertrag gekommen.

Zudem behindern in allen beteiligten Ländern staatliche Firmen länderübergreifende Konzepte. Eine Privatisierung oder Umwandlung von nationalen zu multinationalen Konzernen würde ihre Macht schwächen, womöglich Arbeitsplätze kosten und das Wasser als nationales Gut negieren.

Den Verbrauchern selbst ist es nicht wichtig, woher das Wasser kommt oder wohin das eigene fließt, wichtig ist, dass die eigene Versorgung gesichert ist[22].

Dies würden länderübergreifende Vernetzungssysteme dauerhaft sicherstellen können.

---

[21] Scheumann, Waltina und Schiffler, Manuel: Water in the Middle East – Potential for Conflicts and Prospects for Cooperation. Springer Verlag, Berlin 1998 S. 79
[22] siehe [20] S. 79

Eine weitere Hürde wäre jedoch die Festsetzung von Tarifen für alle Verbraucher. Unzweifelhaft würden jordanische Verbraucher aufgrund der naturräumlichen Gegebenheiten (gebirgiges Land, teure Röhrensysteme wären nötig) mehr für ihr Wasser zahlen müssen als vorher. Dieses erscheint schwer durchsetzbar, es müssten also Subventionen der Jordanischen Regierung fließen. Wo dieses Geld herkommen soll, ist ungeklärt.

Allein dieser kurze Ausschnitt aus der Diskussion zeigt, dass es ungemein schwierig erscheint unter den momentanen Voraussetzungen ein länderübergreifendes Wassermanagement zu etablieren, welche großen Vorteile es auch bringen würde. Aber eben wegen dieser oben genannten Vorteile sollte es zu einem späteren Zeitpunkt bei möglicherweise anderen politischen Voraussetzungen beachtet werden. Dieses Prinzip könnte dann eine Lösung für ein gerechtes, integriertes Wassermanagement sein[23].

5.3 Entsalzung von Meer- und Brackwasser

Die staatliche Wasserwirtschaftsgesellschaft Mekorot intensiviert zurzeit ihre Bemühungen, zusätzliche Wasserquellen durch die Entsalzung von belastetem Wasser zu erschließen.

In den letzten 30 Jahren wurden in Israel insgesamt 31 Kraftwerke zur Wasserentsalzung geschaffen(siehe Abb. 8[24]). Jedoch sind diese Kraftwerke immer noch zu wenig effizient. Die Kosten übersteigen den Gewinn, den Mekorot aus der Versorgung der Bevölkerung erwirtschaftet. Da Mekorot ein staatliches Unternehmen ist, belastet dieses Missmanagement den Staatshaushalt, Ziel muss es jedoch sein, zumindest kostendeckend zu arbeiten.

Grund für die hohen Kosten sind die immer weiter steigenden Preise fossiler Energieträger sowie der aufwendige Entsalzungsprozess an sich mit der Anwendung hochmoderner Techniken wie Destillationsverfahren oder Ionenaustausch[25].

Alternative Energieträger befinden sich noch in der Erprobungsphase und werden noch nicht großflächig, sondern nur punktuell eingesetzt.

Es ist jedoch festzustellen, dass seit 1978 der Energieaufwand pro m³ Wasser stark gesunken ist (siehe Abb. 9) und die Wirtschaftlichkeit der Entsalzungstechnik greifbar ist.

---

[23] siehe [20] S. 86
[24] http://www.mekorot.co.il/Waterq/Desalination.pdf

Zu unterscheiden ist zwischen der Entsalzung von Brackwasser und Meerwasser.

Die Brackwasserentsalzung ist erheblicher günstiger, da hier der Salzgehalt nicht so hoch ist wie im Meerwasser. Außerdem gibt es mittlerweile Konzepte, dass Brackwasser nur soweit zu Entsalzen, das es für die Landwirtschaft nutzbar ist. Somit könnte kostbares Trinkwasser, das nur zu Bewässerungszwecken genutzt wird, eingespart werden und eine weitere Kostenreduzierung stattfinden.

Dagegen wird in den südlichen Orten der Wüste Negev (z. B. Eilat) die Meerwasserents alzung weiter vorangetrieben, was schon allein aus dem Grunde logisch ist, weil es dort schlicht und einfach keine andere Möglichkeit zur Wassergewinnung mehr gibt[26], da die Kapazitäten zum Recycling von Brackwasser nahezu ausgeschöpft sind[27]. Kann trotz der oben genannten Probleme eine stärkere Konzentration auf Entsalzungstechniken die Wasserprobleme Israels lösen?

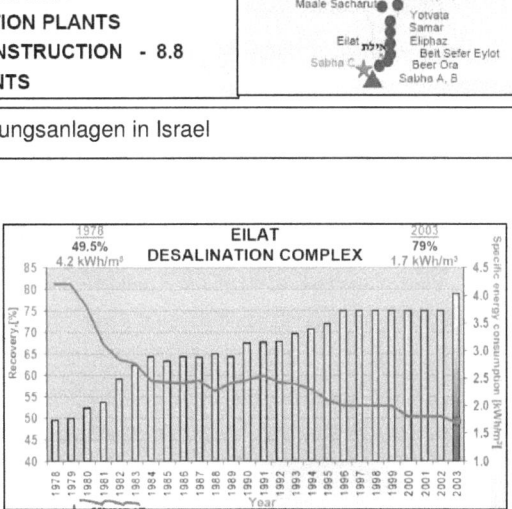

__Annual Capacity [million m³]__

○ BRACKISH WATER	- 22.5
☆ SEA WATER	- 3.3
◉ BRACKISH WATER DESALINATION PLANTS UNDER CONSTRUCTION	- 8.8
▲ PILOT PLANTS	

Abb. 8 Entsalzungsanlagen in Israel

Abb. 9: Effektivität des Entsalzungskomplexes Eilat

---

[25] siehe [1] S. 159f
[26] http://www.menschen-recht-wasser.de/downloads/2_5_2_wasser-nahost.pdf
[27] siehe [1] S. 51

Beim Einsatz der Entsalzungstechniken im Großmaßstab sind weitere Faktoren zu berücksichtigen. Als kurzfristige Lösung zur Überbrückung temporaler Wasserknappheit kann dieses Verfahren nicht dienen, denn Planung und Realisation beanspruchen viel Zeit.

Außerdem müssten die Investitionen aus dem Ausland fließen, da weder Israel, noch die Anrainer-Staaten die Mittel hierfür besitzen. Zudem müssten die Anlagen sowie fachliches Wissen importiert werden.

Trotz dieser vielfältigen Probleme geht die Forschung davon aus, dass es möglich ist, technische Großanlagen langfristig zu niedrigen Kosten betreiben zu können. Außerdem würde eine Erweiterung der Wasserkapazitäten der jeweiligen Länder eine friedensschaffende Maßnahme darstellen, ein enormes Konfliktpotential würde merklich reduziert werden. Voraussetzung ist natürlich eine gerechte Verteilung des geförderten Wassers, vielleicht sogar auf Basis des oben erläuterten „Regional Water Sharings".

6. Die Wasserproblematik in Israel in der Zukunft

Wie wird die Wasserversorgung in Israel in der Zukunft aussehen, welche Prognosen sind möglich?

Israel ist schon von seiner geographischen Lage her kein durch Wasser begünstigtes Land. Niederschläge fallen zeitlich gehäuft und regional sehr unterschiedlich stark, verlässliche Jahresgänge sind kaum nachweisbar. Das Jordantal liegt deutlich unter dem Meeresspiegel, so dass die Aufsalzung des Flusswassers teilweise ein natürlich Prozess ist, der jedoch auch durch die verstärkten Entnahmen in Dürre- und Mangelzeiten durch den Menschen zusätzlich dramatisiert wurde.

Gerade die Wasserqualität gilt es zu schützen, will man nicht kostenintensive Aufbereitungsprogramme an die Pumpstationen nachschalten, die den Preis pro m^3 Wasser weiter erhöhen würden.

Die Süßwasserreservoirs in Israel bieten kaum noch Möglichkeiten zu größerer Auslastung, der absolute Maximalförderungspunkt ist erreicht, vielerorts auch überschritten.

Einige Lösungsvorschläge wurden aufgezeigt, einen Anspruch auf Vollständigkeit kann man im Umfang dieser Arbeit nicht erreichen.

Der NWC versorgt auch die Regionen im wasserarmen Süden Israels mit Süßwasser, doch bedarf es Länder übergreifender Konzepte, um der Wasserknappheit in der gesamten Region des Nahen Ostens Herr zu werden, das Regional Water Sharing bietet gute Ansätze hierzu.

Schließlich gilt es, die Entsalzung von Meer- und Brackwasser voranzutreiben und effizienter sowie kostengünstiger zu gestalten.

Weitere Konzepte sind in Arbeit, wie die Abwasseraufbereitung, Fernwassertransfer aus der Türkei mittels Schiffen (ebenfalls sehr kostenträchtig) oder auch eine bessere Steuerung der Nachfrage nach Wasser, konsequentes Einrichten von Wasserspartechniken.

Ein primäres Ziel muss es zudem sein, den Wassermarkt von Subventionen zu befreien, um die Berechnung der wahren Preise für Wasser zu erlauben. Dies bedarf institutioneller Änderungen, die sich in der Vergangenheit immer als sehr schwierig erwiesen haben.

Es gibt keinen Königsweg, nicht die eine Lösung, die die Wasserprobleme Israels mit einem Schlag lösen kann. Es bedarf einer Kombination verschiedener Programme, um dem prognostizierten Bevölkerungswachstum und dem steigenden Wasserbedarf von Mensch und Wirtschaft in der Zukunft gerecht werden zu können.

7. Literatur

Dombrowsky, Ines: *Wasserprobleme im Jordanbecken – Perspektiven einer gerechten und nachhaltigen Nutzung internationaler Ressourcen*. Wirtschaftszentrum Berlin für Sozialforschung. Berlin 1995

Karmon, Yehuda: *Israel – Eine geographische Länderkunde von Yehuda Karmon*. *Wissenschaftliche Länderkunden Band 22*. Wissenschaftliche Buchgesellschaft. Darmstadt 1994.

Scheumann, Waltina und Schiffler, Manuel: *Water in the Middle East – Potential for Conflicts and Prospects for Cooperation*. Springer Verlag, Berlin 1998

Schulze, Dr. Helmut (Hrsg.): *Alexander Weltatlas – Neue Gesamtausgabe [mit neuen Grenzen]*. 1. Auflage Stuttgart 1982.

Schwarz, J.: *Management of the Water Ressources of Israel.* In: *Israel Journal of Earth Science.*

Internetquellen:

http://library01.gsfc.nasa.gov/nix/nixImages/screenimage/GL-2002-001460.jpg   22.11.2004

http://eol.jsc.nasa.gov/sseop/images/EFS/lowres/STS41G/STS41G-120-56.JPG   23.11.2004

http://eol.jsc.nasa.gov/sseop/images/ESC/small/STS100/STS100-E-5371.JPG   23.11.2004

http://www.mekorot.co.il/frameset.asp?content=peilut/peilut_en.html   05.12.2004

http://www.mekorot.co.il/Waterq/Desalination.pdf   05.12.2004

http://www.rz.shuttle.de/rn/sae/water/israel.htm   23.11.2004

http://www.bpb.de/publikationen/0CVMKE,1,0,Die_Wasserkrise_im_Nahen_Osten.html 05.12.2004

http://www.anti-defamation.ch/main.php?page=2&id_art=16   12.12.2004

http://research.haifa.ac.il/~eshkol/kantorb.html   26.10.2004

http://members.surfeu.de/purucker/genezareth_d.htm   05.01.2005

http://www.menschen-recht-wasser.de/downloads/2_5_2_wasser-nahost.pdf   20.12.2004

http://www.gfbv.it/3dossier/isr-pal/frauer.html   04.11.2004

http://www.wasserstadt.ch/pdf/themen/artikel_schertenleib.pdf   04.11.2004

http://www.fest-heidelberg.de/jahresbericht/EssayFE.pdf   05.01.2005

www.klimadiagramme.de   08.01.2005

http://www.klimadiagramme.de/Frame/koeppen.html   05.01.2005